Desert Boneyards

Patrick Hoeveler / Adel Krämer

DESERT BONEYARDS

Patrick Hoeveler / Adel Krämer

Motor
buch
Verlag

Impressum

Einbandgestaltung: Luis Dos Santos unter Verwendung einer Vorlage der Verfasser.

Bildnachweis:
Adel Krämer, Patrick Hoeveler

Eine Haftung des Autors oder des Verlages und seiner Beauftragten für Personen-, Sach- und Vermögensschäden ist ausgeschlossen.

ISBN 978-3-613-03000-8

1. Auflage 2009

Sie finden uns im Internet unter: www.motorbuch-verlag.de

Lektorat: Alexander Burden
Innengestaltung: Jürgen Knopf
Satz: Medien und Printprodukte, 74321 Bietigheim
Druck und Bindung: Fortuna Print Export, 85101 Bratislava
Printed in Slowak Republik

INHALT

VORWORT

Rostzerfressenes Metall, zersplittertes Glas, verbeulter Stahl – morbide oder aufregend? Ein Abenteuerspielplatz für Erwachsene? Schrottplätze üben irgendwie eine magische Faszination auf uns aus. Ganz besonders gilt das für die so genannten »Boneyards«, Flugzeugfriedhöfe, von denen es nicht viele gibt und die an den abgelegensten Orten der Welt, meist in Wüsten, zu finden sind. Die größten und sicher auch bedeutendsten Desert Boneyards, die im Südwesten der USA liegen, werden wir neben einigen kleineren, aber nicht minder interessanten Scrapyards in diesem Bildband vorstellen. Dabei unterscheiden wir zwischen zivilen und militärischen Einlagerungsstätten wie auf der Davis-Monthan Air Force Base.
Was genau ist eigentlich ein Flugzeugfriedhof? Wann und warum sind Boneyards überhaupt entstanden? Dieses Buch beschäftigt sich in Bild und Wort genau damit, Fragen zu beantworten, einen Blick hinter die Kulissen zu werfen sowie mit falschen Vorstellungen und Mythen von diesen Desert Boneyards aufzuräumen.

Die Güter der Welt gleiten uns durch die Finger wie der Sand der Dünen.
Antoine de Saint-Exupéry (Pilot und Autor)

AMARG: DIE GRÖSSTE MILITÄRISCHE WÜSTENFLOTTE DER WELT

48°C im Schatten. Flirrende Hitze lässt die Sicht verschwimmen. Von Weitem scheinen ein paar schimmernde Leitwerke und Wrackteile aus dem Sand zu ragen. Vorbei an Kakteen und ausgedörrten Büschen, immer auf der Hut vor Klapperschlangen und den Blick fest auf das Ziel der Begierde gerichtet, rückt der einsame Flugzeugfriedhof in der Wüste langsam in Reichweite. Kein Mensch weit und breit, man kann nach Herzenslust die halb verrotteten Maschinen begutachten, fotografieren, sogar hineinklettern! Der Traum vieler Luftfahrtfans und Flugzeugspotter. Aber eben nur ein Traum – der Mythos Desert Boneyard.

Die Wirklichkeit endet meistens vor einem Zaun, wie zum Beispiel vor dem der Davis-Monthan Air Force Base in Tucson (Arizona), hinter deren Absperrung sich die 309 Aerospace Maintenance And Regeneration Group, kurz AMARG, befindet. Auf einer Fläche von etwa 6400 Hektar – fast doppelt so groß wie Manhattan (New York) – beherbergt die AMARG ca. 4500 Fluggeräte, die hier fachgerecht eingelagert oder zerlegt werden, sicher auch ein Grund dafür, warum die AMARG-Mitarbeiter den Begriff »Boneyard« gar nicht gerne hören. Denn »begraben« wird hier nichts, es handelt sich vielmehr um eine eigene profitable Industrie, die durch Wiederverwertung jede Menge Einsparungen mit sich bringt. Ganz ungefährlich ist der Job im Freien aber nicht, denn ungebetene Gäste können den Mitarbeitern manchmal das Leben schwer machen: Klapperschlangen, die unter Flugzeugen oder in Werkzeugkästen Schatten vor der sengenden Hitze suchen, sind keine Seltenheit, selbst Kojoten statten den Maschinen schon mal einen Besuch ab. Wirklich erstaunlich ist, dass einige AMARG-Mitarbeiter sogar schon Luchsjunge in offenen Flugzeugen fanden.

Doch wie ist der größte Desert Boneyard überhaupt entstanden, und warum gerade in Tucson?

Die Geschichte fängt nach dem Zweiten Weltkrieg an: Bis Juni 1946 kehrten fast 34.000 US-Flugzeuge in ihre alte Heimat zurück, so dass nach Kriegsende

zusammen mit den dort schon stationierten Maschinen enorme Mengen an Kampfflugzeugen vorhanden waren, für die es keine Verwendung mehr gab. Sieben Flugfelder waren erst einmal dafür vorgesehen, das Gros der Maschinen aufzunehmen. Kaum zu glauben, aber wahr: Viele der Maschinen sind kaum geflogen, und einige nahmen sogar den direkten Weg aus der Fabrik in die Wüste.

Fast 8000 Flugzeuge wurden von der US Navy auf der Clinton Air Station in Oklahoma abgestellt, allerdings wurde die Basis bereits 1946 geschlossen und als ziviler Flugplatz genutzt, bis sie 1954 mit dem Strategic Air Command einen neuen Hausherrn bekam. Die US Army Air Forces (USAAF) verteilten ihre Maschinen auf Kingman Army Air Field in Arizona und Walnut Ridge in Arkansas, wobei Walnut Ridge vorher zur Flugausbildung und ebenso als Wartungszentrum für C-47, P-40, P-51, B-17 und B-29 gedient hatte. Weitere Lagerplätze waren Altus in Oklahoma, Albuquerque in New Mexico und Vernon in Texas, die jedoch rein zur Verschrottung genutzt wurden. Darüber hinaus konnten private Firmen in Auktionen die Flugzeuge erwerben, um sie dann zur Altmetallgewinnung dem Schmelzofen zu überlassen. So kaufte beispielsweise die Texas Railway Equipment Company 4871 Flugzeuge für rund 1,8 Millionen Dollar. Das Ende der 40er-Jahre läutete schließlich auch den Abschluss der Verschrottungsorgie ein.

Nur die damals noch als modern geltende B-29 sowie die C-47 als nützlicher Transporter blieben verschont und galten als Reserve – für den Fall der Fälle. Eine Entscheidung, die sich später noch als äußerst richtig erweisen sollte. Die Maschinen fanden im Storage Depot der US Army Air Forces in San Antonio (Texas) ihr neues Heim, aber das dort herrschende Klima war leider nicht zur Aufbewahrung geeignet, also musste ein alternativer Ort gesucht werden.

Und dieser Ort wurde in Arizona gefunden: Das Davis-Monthan Field, das zur Flugausbildung von der Stadt Tucson im Oktober 1925 gebaut und nach zwei Söhnen der Stadt benannt wurde, den Army-Fliegern Samuel Davis und Oscar Monthan, die in den 20er-Jahren bei Abstürzen ums Leben gekommen waren. Das Flugfeld mauserte sich bis 1927 zum

AMARG ist ein abgetrennter Bereich auf der Davis-Monthan Air Force Base, zu dem nur wenige Personen Zutritt haben.

Nicht nur die US Air Force schickt ihre Jets in die Wüste. Das Marine Corps lagerte zwischenzeitlich einige AV-8A Harrier ein.

Ein Kommen und Gehen: Anfang der 80er Jahre gab es viele Klassiker wie die Republic F-105 Thunderchief im Inventar. Heute ist der Typ nur noch im Museum zu sehen.

Neben der Einlagerung von Fluggeräten kümmert sich AMARG auch um die Entsorgung von nicht mehr benötigten Maschinen wie diesen Boeing B-52 Stratofortress im Vordergrund.

größten Regionalflughafen der USA. Doch nur wenige Jahre später wurde der einst von Charles Lindbergh eröffnete Airport zur reinen Militärbasis umfunktioniert und diente während des Zweiten Weltkrieges zur Ausbildung von Bomberbesatzungen.

Was genau zeichnete und zeichnet noch heute diesen Platz in Tucson für die Einlagerung von Flugzeugen aus? Einerseits sein staubtrockenes Klima mit nur 28 cm Regen pro Jahr bei einer geringen Luftfeuchtigkeit von nur 10–20%. Auf der anderen Seite sein alkalischer Boden, der knallhart auch für das Abstellen großer Flugzeuge geeignet ist, also Betonflächen überflüssig macht. Unter der knapp 20 cm dicken Staubschicht befindet sich die »Caliche«, eine 45 cm starke Lage, die fast so hart ist wie Zement.

Mit Gründung der 4105th Army Air Force Base Unit am 15. November 1945 zogen auch die B-29 und C-47 von San Antonio nach Tucson um. Im Anschluss gab es nicht nur einige Veränderungen wie die Umbenennung der USAAF in US Air Force anno 1947 oder die Eröffnung des 3040th Aircraft Storage Depots im darauffolgenden Jahr, sondern es kam auch wieder Bewegung auf. So aktivierte man zum Beispiel die C-47-Transporter für die Luftbrücke nach Berlin wieder, und während des Koreakriegs wurden bis 1953 mehr als 350 Flugzeuge zurück in den Dienst gebracht. Während des Kalten Kriegs änderte sich auch die Zahl der eingelagerten Superfortesses, die zuvor größer war als die aktive Flotte. Doch der Fortschritt war nicht aufzuhalten und mit Einführung von moderneren Jetmustern kehrten wieder viele Propellermaschinen zurück, was zu Platzmangel führte, so dass Land zugekauft werden musste. 1959 folgte dann eine Namensänderung vom 3040th Aircraft Storage Depot

Falls jemand auf die Idee kommen sollte, die Produktion des Stealth-Bombers Northrop B-2 Spirit wieder aufnehmen zu wollen, kann er die Fertigungsanlagen, wie hier die Vorlage für die Cockpitsektion, in der Wüste Arizonas finden.

in 2704th Air Force Storage and Disposition Group. Dass Namen Schall und Rauch sind, sollte sich nur wenige Jahre danach im Februar 1965 in Form einer weiteren Umbenennung bewahrheiten: Das Military Aircraft Storage and Disposition Center (MASDC) war geboren, da das Pentagon nun – im Rahmen von Sparmaßnahmen – die gesamte Verantwortung für die Lagerung von Fluggeräten aller Teilstreitkräfte der USAF übertragen hatte. 1967 bekam auch die Naval Air Station in Litchfield Park bei Phoenix den Sparkurs zu spüren, indem die Anlage geschlossen wurde. Rund 800 Marine-Maschinen wanderten nach Süden, ein großer Teil davon sprichwörtlich über die Straße. Heute befindet sich der Goodyear Airport auf dem Gelände von Litchfield Park, ein privater Flughafen, wo auch Piloten für Lufthansa und Luftwaffe ihr Flugtraining absolvieren.

Einmal mehr stellte schließlich die Geschichte den Nutzen von Flugzeugeinlagerungen unter Beweis, denn in Vietnam wurden Maschinen zur Luftnahunterstützung benötigt. Da Jets aber zu schnell waren, konnte die USAF bequem auf eingelagerte Douglas A-1 Skyraider und North American T-28 sowie Douglas A-26 Invader zurückgreifen. Selbst uralte Douglas C-47 fanden als Gunships wieder eine neue Verwendung. Nach Beendigung des Vietnamkriegs 1975 verfügte die Davis-Monthan AFB mit 6000 Flugzeugen und Hubschraubern über das größte Inventar aller Zeiten.
Neben den Militärmaschinen kamen 1981 die ersten von rund 120 zivilen Boeing 707 in Davis-Monthan an und stellen dort bis heute die einzigen in größerer Zahl eingelagerten Zivilflugzeuge dar. Zivilflugzeuge auf einer Air Force Base? Eigentlich nicht erstaunlich, wenn man bedenkt, dass dieses Flugzeugmuster einst

aus dem KC-135-Stratotanker entwickelt wurde, dem Rückgrat der Tankerflotte der USAF. Doch nun sollte es ihm zum Opfer fallen: Zur Wiederaufrüstung der KC-135-Flotte wurden die Boeing 707 für eine halbe bis eine Million Dollar pro Stück gekauft, um dann deren Trieb- und Leitwerke zu entnehmen. Nachdem dieses Programm beendet war, ging es für die meisten Boeings in die Schrottpresse. Einige 707 sind jedoch noch heute in einem entlegeneren Winkel des Geländes als Übungsobjekte für Geiselbefreiungen, Rettungsmaßnahmen oder Ähnliches zu finden.

Top Fünf: Die am häufigsten vertretenden Muster (Juli 2008)

Typ	Anzahl
F-4 Phantom II	579
T-37 Tweet	402
F-16 Fighting Falcon	391
F-111 Aardvark	247
A-6 Intruder	196

Ein wichtiges Aufgabengebiet stellte auch die Regenerierung von Sachvermögen, sprich Ersatzteilen dar. Um das erfolgreich nach außen zu propagieren, wurde 1985 wieder einmal der Name geändert, und zwar in Aerospace Maintenance and Regeneration Center, kurz AMARC. Damit nicht genug wurde das eigenständige Center im Jahr 2007 in das 309th Maintenance Wing des Ogden Air Logistics Center integriert, was eine weitere Namensänderung zur Folge hatte in 309 AMARG (Aerospace Maintenance and Regeneration Group). Ob dies die letzte Umbennenung sein wird, darf man gern bezweifeln.
AMARG steht aber nicht nur für Lagern und Verschrotten, sondern auch für Ausverbessern. Daher ist man hier im Rahmen des Lebensdauerverlängerungsprogramms (Service Life Extension Program, kurz SLEP genannt) für die Fairchild A-10 Thunderbolt II unter anderem für die

Viele ausgediente Fairchild A-10 Thunderbolt II spenden ihre Flügel für die aktive Flotte. Übrig bleiben nur noch die Rümpfe.

Erneuerung der Tragflächen verantwortlich. Während des 180 Tage dauernden Programms werden die Flügel der Maschinen demontiert, inspiziert und ausgebessert beziehungsweise verstärkt. Dabei kommen teilweise auch Tragflächen bereits eingelagerter A-10 zum Einsatz. Durch den danach praktisch neuen Flügel werden etwa 8000 weitere Flugstunden gewonnen, was heißt, dass sich die Lebensdauer nahezu verdoppelt.
Natürlich werden die Flugzeuge nicht einfach kreuz und quer auf dem Gelände abgestellt. Doch was genau passiert mit den Maschinen, wenn sie in Davis-Monthan ankommen?

Aus alt mach neu: AMARG ist kein reiner Schrottplatz, denn hier haucht man den Tragflächen der A-10 neues Leben ein. In einer Halle werden sie wieder aufgearbeitet.

Eine A-10, von ihren Besatzungen auch »Warzenschwein« genannt, wartet auf ihre neuen Flügel.

Lockheed C-130 Hercules

Obwohl die Grumman A-6 Intruder schon seit mehr als zehn Jahren außer Dienst ist, dämmern immer noch fast 200 Stück auf dem AMARG-Gelände vor sich hin.

Fertig für die Schlachtbank: Dieser Northrop T-38 Talon steht nichts Gutes bevor.

03501
0-10676
NWC
CHINA
LAKE
DRMO
U.S. AIR FORCE

Auch die Reihen der McDonnell Douglas F-15 wachsen stetig. Diese Eagle der Massachusetts Air National Guard war während der Anschläge vom 11. September 2001 als eines der ersten Flugzeuge in der Luft.

Auf der Überholspur – zumindest zahlenmäßig – befindet sich die Lockheed F-16 Fighting Falcon. Immer mehr Vertreter trudeln ein und werden bald die F-4 Phantom als das am häufigsten in AMARG vertretene Kampfflugzeug ablösen. Die abgebildete F-16N flog zur Ausbildung von Jagdpiloten bei der US Navy.

Zahlreiche A-10 werden die Ersatzteilversorgung der »Warzenschwein«-Flotte noch viele Jahre sicherstellen.

Pirat im Ruhestand: Die Grumman F-14B Tomcat der »Jolly-Rogers«-Staffel mit ihrem berühmten Totenkopfsymbol kann keine möglichen Gegner mehr in Angst und Schrecken versetzen. Knapp ein Jahr nachdem diese Aufnahme entstand, endete der Navy-Jet im Schredder.

MARINES
103

Noch sieht man relativ wenig F/A-18 Hornets in Tucson. Das Exemplar der Marineausbildungseinrichtung Naval Strike and Air Warfare Center – der Heimat von »Top Gun« – kam im Februar 2004 an.

Bei den meisten Hornets handelt es sich um frühe Exemplare, die bereits das Ende ihrer Lebensdauer erreicht haben und nun als Ersatzteillieferanten dienen. Daher machen einige schon einen arg gerupften Eindruck.

Der Kinofilm »Top Gun« machte die F-14 berühmt. Heute fliegt sie nur noch im Iran, und damit ist ihr Schicksal in den USA besiegelt. Aus Angst, Teile könnten in diesen Staat gelangen, müssen alle AMARG-Tomcats in kleinste Teile geschreddert werden. Da helfen auch nicht die farbenfrohen Markierungen dieser ehemaligen Kommandeursmaschine der VF-211-Staffel (oben).

Legenden im Ruhestand: B-52 Stratofortress, F-4 Phantom und C-130 Hercules.

Nur einen kurzen Hopser musste die Vought A-7K Corsair der Arizona Air National Guard machen, um an ihre letzte Ruhestätte zu gelangen. Sie war früher am nur wenige Kilometer entfernten Flughafen von Tucson stationiert. Der Jet ist mittlerweile ins Inventar der US Navy übergegangen. Fast alle verbliebenen A-7 der Air Force sind inzwischen verschrottet.

Auch Hubschrauber wie die CH-46 der Marines werden hier eingelagert. Aus Platz- und Sicherheitsgründen müssen die Rotorblätter entfernt werden.

Dieser ehemalige Bordhubschrauber Kaman SH-2 Seasprite der US Navy kann an der »Celebrity Row« bestaunt werden. Hier findet sich jeweils ein Exemplar aller eingelagerten Typen.

Überleben in der Wüste – Der Einlagerungsprozess

Nach der Landung nimmt die Receiving Section die Flugzeuge in Empfang und versieht jede einzelne Maschine mit einer auflackierten Inventarnummer. Dabei handelt es sich um einen bestimmten Code, der mit dem Eigentümer, also der jeweiligen Teilstreitkraft, beginnt. Es folgen Typenangabe und Nummer in der Reihenfolge, wie das Fluggerät eingegangen ist. Zum besseren Verständnis hier ein Beispiel:
AAFP0622 steht für US Air Force (AA), F-4 Phantom (FP), 622. eingelagerte Maschine dieses Typs. So ist es später ein leichtes, die Flugzeuge zu identifizieren und auf dem riesigen Gelände wiederzufinden.
Bevor die Maschinen aber abgestellt werden können, müssen sie noch eine Reihe von Prozeduren über sich ergehen lassen. Zunächst überprüfen AMARG-Techniker den Allgemeinzustand der Flugzeuge sowie deren Vollständigkeit, dann entfernen sie die Sprengladungen der Schleudersitze, die Bewaffnung sowie geheime Ausrüstungsteile. Anschließend werden die Maschinen zur sogenannten »Flush Farm« geschleppt, wo man den restlichen Treibstoff ablässt und zur Reinigung Leichtöl in die Leitungen pumpt und wieder entfernt.
Nachdem dann die meist zivilen Angestellten die Flugzeuge im »Wash Rack« mit Hochdruckreinigern abgespritzt haben, kleben sie alle Öffnungen, Spalten und Ritzen in Handarbeit mit speziellem Klebeband ab. Jeder Handgriff sitzt, egal ob Triebwersöffnungen mit aluminiumbeschichtetem Abdeckmaterial verkleidet oder Glasflächen mit Wachs versiegelt werden. Last, not least gibt es den Rundumschutz mit der Spritzpistole in Form von flüssigem Latex, auch »Spraylat« genannt. Im getrockneten Zustand fühlt sich das Material an wie eine Gummimaske für Fasching. Wobei man empfindlichen Oberflächen wie Radarverkleidungen und Verglasungen eine schwarze Latexschicht verpasst, die das Eindringen von Staub und Feuchtigkeit verhindern und überdies Schutz vor Kratzern durch Sandabrieb, Stürme und andere Umwelteinflüsse bieten soll. Doch damit nicht genug, tragen die Arbeiter zudem eine weiße Schicht auf, welche die Temperaturen im Inneren reduzieren soll, denn die heißen Wüstentemperaturen könnten ansonsten die Maschinen innen leicht bis zu 90°C erhitzen, was Komponenten wie beispielsweise Gummidichtungen beschädigen würde. Die Unterseite wird aus Gründen der Luftzirkulation allerdings nicht verschlossen, um eine Kondensation zu verhindern.
Die gesamte Einlagerungsprozedur für ein Flugzeug in der Größenklasse einer Phantom umfasst zwischen 32 und 40 Stunden, vorausgesetzt, dass zwei Fachkräfte sich damit beschäftigen. Die Navy hingegen hat einige Flugzeuge wie die F-4 und F/A-18 in riesige Tüten verpackt. Diese »Bags« sind zwar teurer als Spraylat, lassen sich aber im Gegensatz dazu für die Entnahme von Ersatzteilen öffnen und wieder verschließen.
Selbstverständlich werden nicht nur Flugzeuge und Hubschrauber eingelagert, sondern auch Außenlastträger, ebenso Interkontinentalraketen wie die Titan oder Produktionswerkzeuge und -einrichtungen für Muster wie zum Beispiel A-10, B-1B, B-2 und C-5. Und in einem abgetrennten Bereich stehen historische Muster, die für Museen gedacht sind. Da es vier Kategorien der Einlagerung gibt, entscheidet der »Aircraft Program Director« nach Ankunft der jeweiligen Maschine, auf welche Art diese gelagert werden soll.

Die Langzeit-Einlagerung

Besser bekannt als »Type 1000 storage« handelt es sich bei dieser Einlagerung um eine sehr aufwändige Art, da die Maschinen noch flugfähig bleiben sollen. Die Konsequenz daraus bedeutet alle 180 Tage eine Überprüfung der Integrität des Spraylats und der Befestigung am Boden. Darüber hinaus werden die Flugzeuge alle vier Jahre »ausgepackt«, durchgecheckt und neu konserviert. Ersatzteile darf man hier nur mit spezieller Genehmigung entnehmen, da die Maschinen bei Bedarf wieder in Dienst gehen könnten.

Gut verpackt hält länger, sagen sich die AMARG-Spezialisten und unterziehen jedes Flugzeug einem umfangreichen Einlagerungsprozess – wie die hier zu sehende F-16.

Die Ersatzteilspender

Um die Verfügbarkeit von Ersatzteilen für aktuelle Einsatzmuster sicherzustellen, wird eine Vielzahl von Fluggeräten im sogenannten RIT-Bereich (Reclamation Insurance Type) in »Type 2000 storage« gelagert. Dies ist besonders wichtig bei Typen, die nicht mehr gebaut werden, wie beispielsweise der nur noch von Australien betriebenen General Dynamics F-111. Folglich ist AMARG oft der letzte Platz auf der Welt, wo man derzeit Ersatzteile finden kann, wobei eine Inventarliste, in der die entnommenen Teile dokumentiert sind, das Auffinden ungemein erleichtert. Allein im Jahr 2007 führte man so insgesamt 17.611 Teile im Wert von 674,2 Millionen Dollar wieder dem Kreislauf zu.

Eine ganz besondere Herausforderung sollte die Lockheed C-5 Galaxy darstellen: Die erste Maschine des ehemals größten Flugzeugs der Welt kam am 4. November 2003 bei AMARG an und wurde beziehungsweise wird dort für neue Muster als Protoytyp verwendet, um zu sehen, wie lange der Einlagerungsprozess dauert und welche Besonderheiten auftreten, zum Beispiel die Entnahme des Höhenleitwerks – bei der C-5 in Schwindel erregender Höhe. Das enorme Gewicht der Maschine hingegen erwies sich nicht als Problem, da der Boden hart genug war.

Die Kurzzeit-Lagerung

Wie der Name schon sagt, geht man hier von einem kürzeren Aufenthalt aus. Mit anderen Worten: Die Maschinen behalten ihren Treibstoff, werden täglich gecheckt und in einem 45-tägigen Rhythmus führen Techniker Triebwerksläufe durch. Außerdem kommt kein Spraylat zum Einsatz. Sinn und Zweck dieser in der AMARG-Terminologie »Type 3000 storage« genannten Einlagerung ist die schnellere Dienstbereitschaft des jeweiligen Flugzeugs.

Die Verschrottung

Wenn es keine Verwendung mehr für ein Flugzeug gibt, fällt es in die Kategorie »Type 4000 storage« und ist für die Verschrottung freigegeben. Das bedeutet zwar nicht unbedingt ein sofortiges, aber keinesfalls ein Happy End, für manche Maschinen lediglich einen Aufschub von mehreren Jahren, bevor sie der Weg zur Schrottpresse führt. Am Tag »X« schließlich stellt ein Team sicher, dass kein Treibstoff und keine explosiven Stoffe mehr an Bord sind, und dass alle verwendbaren Teile entnommen wurden. Dann gehen die Fluggeräte an das Verwertungsbüro (Defence Property Disposal Office, kurz DPDO), das per Auktionsverfahren den Verkauf an umliegende Schrottplätze ermöglicht. Früher erfolgte die Verschrottung auf den umliegenden privaten Plätzen, heute schreddert die Air Force bereits alles – wie zum Beispiel die F-14 –, bevor es die Basis verlässt und von Schrotthändlern empfangen wird. Bei einem Preis von rund 40 US-Cent pro Pfund Aluminium-Schrott bringt eine Maschine der Größenklasse einer Lockheed C-141 Starlifter bei der Auktion rund 40.000 Dollar. Sollten die Flugzeuge jedoch wie viele Hubschrauber flugfähig verkauft werden, ist das Defense Realisation Marketing Office (DRMO) dafür zuständig. Die unter strengsten Richtlinien liegenden Verkäufe erfolgen auch hier per Auktion.
Große Muster wie die Starlifter beschließen ihre Laufbahn sowieso vor Ort, das heißt, zivile Firmen zerlegen die C-141 in passende Stücke, die dann mit einem Lastwagen zu nahegelegenen Schmelzöfen transportiert werden. Nach der unumstößlichen Außerdienststellung des Transporters im Mai 2006 besiegelte man sein Ende für die Schrottpresse anstatt für eine Einlagerung, da es keinen Betreiber dieses Typs mehr gibt. Der Grund liegt auf der Hand: Die Flugzeuge sind zu alt und zu teuer im Betrieb.

In Handarbeit verschließen die AMARG-Mitarbeiter mit Klebeband alle Öffnungen und Schlitze am jeweiligen Fluggerät.

Je nach Muster kommt unterschiedlich viel Spraylat zum Einsatz. Bei diesen Bell AH-1 Cobra haben es die Konservierer sehr gut gemeint.

Mit Spritzpistolen wird die gummiartige Spraylat-Schutzschicht aufgetragen. Sie lässt sich mit einem Spachtel relativ leicht wieder entfernen.

Erwachen in der Wüste – Die Wiederaufbereitung

Nicht für alle heißt es: Endstation Wüste. In der Regel holen die Spezialisten vier bis sechs Flugzeuge pro Monat aus der Lagerung und bereiten sie auf. Einmal aus dem Dornröschenschlaf geweckt, werden die Maschinen entweder an befreundete Nationen abgegeben oder verkauft (Foreign Military Sales), wobei hier die Muster C-130 und F-16 dominieren, oder zu Drohnen umfunktioniert wie aktuell die Phantom. Zu diesem Zweck besitzt AMARG sogar eine eigene Testflugcrew.

Da eine kalte Dusche nicht schadet, gehen die Maschinen wieder zum »Wash Rack«, wo das Spraylat in Handarbeit mit Spachteln und anschließend Rückstände mit dem Hochdruckreiniger entfernt werden, gefolgt von einer kompletten Inspektion. Insgesamt dauert es rund sieben Monate, um einen Vogel wieder in die Luft zu bekommen. Allerdings verlassen einige Maschinen AMARG auch auf dem Landweg. So wie die F-16 für Italien, von der man insgesamt 38 Exemplare in den Jahren 2002 bis 2004 aufbereitete und für den Straßentransport zum Ogden Air Logistics Center auf der Hill AFB präparierte. Für einen sicheren Transport sorgen dabei eigens von AMARG-Spezialisten angefertigte Verpackungen.

Sogar ein Museumsflugzeug, eine YC-15 von McDonnell Douglas (MDD), hat die Einheit auf Wunsch seines Herstellers zu Forschungszwecken für zukünftige Transportflugzeuge wieder reaktiviert. Nach unglaublichen 19 Jahren der Einlagerung – zuletzt im benachbarten Pima Air and Space Museum – begann man mit den Arbeiten an der Maschine im April 1996, bis endlich am 11. April 1997 ihr zweiter Erstflug stattfinden konnte. Nach Schätzungen von AMARG werden rund 20% der eingelagerten Maschinen in der ein oder anderen Form reaktiviert.

Nach fast 20 Jahren der Einlagerung bekam der Transporter-Prototyp McDonnell Douglas YC-15 eine zweite Chance als Testflugzeug bei seinem Hersteller. Innerhalb von wenigen Monaten wurde sie 1997 wieder fit gemacht, nur um heute wieder in der Wüste zu stehen, diesmal auf der Edwards Air Force Base.

Gut gefüllt zeigt sich die Abstellfläche für Neuankömmlinge im August 2008. Die kleineren Maschinen bekommen ihr Spraylat-Kleid unter dem langen Sonnendach im oberen Bereich des Bildes. Früher erfolgten die Arbeiten unter freiem Himmel, bei bis zu 50°C im Sommer keine angenehme Angelegenheit.

Ende auf Raten: Diese Grumman F-14 Tomcats dienten Mitte der 90er Jahre als Ersatzteilspender für ihre Schwestern im Einsatz. Heute ist der berühmte Jäger in AMARG eine aussterbende Spezies.

F-4 Phantom –

Zum Abschuss freigegeben

Hätten Sie gedacht, dass die McDonnell Douglas F-4 Phantom während der letzten Jahre das am häufigsten vertretene Muster im AMARG-Inventar war? Das sollte nicht weiter verwundern, denn bis heute gilt das Multitalent als erfolgreichstes und mit mehr als 5000 Exemplaren meistgebautes Jet-Kampfflugzeug des Westens, das für die US Air Force, die US Navy und die Marines flog. Heute sind noch rund 500 Maschinen in Arizona vorhanden, in Hochzeiten Anfang der 90er Jahre waren es weit über 1000, wobei ein Großteil von der USAF kam. Ab 1986 wurden die frühen Versionen F-4C und F-4D in großer Zahl von der Air National Guard und der USAF Reserve abgeliefert, weil deren Verbände auf die Lockheed Martin F-16 Fighting Falcon umrüsteten. Wenig später folgten die F-4E, dann kamen mit F-4G und RF-4C die letzten beiden im Einsatz befindlichen Versionen. Die 1000. Air-Force-Phantom landete am 30. November 1995 in Davis-Monthan.
Ganz ungewöhnlichen Nachschub erhielt die F-4-Wüstenflotte im Jahr 2004 in Form von 15 Exemplaren der deutschen Version F-4F, die zuvor auf der Holloman AFB in New Mexico zur Ausbildung von Luftwaffen-Besatzungen dienten. Nachdem die Einheit aufgelöst war, machte es aber keinen Sinn mehr, die Maschinen wieder zurück nach Deutschland zu überführen. Zu diesem Zeitpunkt waren viele der frühen C- und D-Modelle bereits dem Schmelzofen zum Opfer gefallen, da AMARG für die neu ankommenden Transporter Lockheed C-141 Starflifter Platz schaffen musste.
Die US Navy und das Marine Corps lagerten schon ab den 70er Jahren ältere Versionen ein, die aber später meist verschrottet wurden. Nur noch die letzten, ab 1985 eingelagerten Varianten sind mit F-4S und RF-4B vorhanden. Die 340. und letzte Marine-Version einer Phantom kam mit der RF-4B (Kennung 157345) am 1. August 1990 an. Diese Versionen stehen heute ebenfalls auf der Abschussliste und werden wohl bald im Schredder landen.

VMFA-333
MARINES
8F264

Phantom-Versionen Juli 2008	
Version	Anzahl
F-4C	10
F-4D	74
F-4E	74
F-4F	15
F-4G	10
F-4J	17
F-4S	131
RF-4B	17
RF-4C	231
Gesamt	**579**

Es mag zwar kein Trost sein, doch für einige USAF-Phantoms gibt es einen kleinen Aufschub. So werden sie für das Drohnen-Programm wieder reaktiviert und fungieren als unbemannte Ziele für Schießversuche. Die AMARG-Spezialisten machen die Jets wieder flugfähig, und nach einigen Testflügen geht es zur Umrüstung nach Mojave in Kalifornien. Dort stattet ein Privatunternehmen, genauer gesagt die Calspan Corporation, die Maschinen mit einem Fernsteuerungssystem aus. Im Anschluss kommen die nun als QF-4 bezeichneten Phantoms zur 82nd Aerial Targets Squadron der USAF auf die Tyndall AFB in Florida. Diese Einheit unterhält auch ein Kommando auf der Holloman AFB in New Mexico. Die QF-4 folgt in dieser Rolle den QF-102, QF-100 und QF-106, die ab den 70er Jahren zu Drohnen modifiziert wurden. Viele dieser Flugzeuge stammten ebenfalls aus AMARG.

Die Umrüstung zu Drohnen begann mit der F-4G

Allen Verschrottungsorgien zum Trotz bleibt die F-4 Phantom immer noch das am häufigsten im AMARG-Bestand vertretene Flugzeug. Allerdings sind aus den mehr als 1000 Exemplaren während der 90er Jahre mittlerweile nur noch knapp 580 geworden, Tendenz stark sinkend.

Die letzten nach Davis-Monthan gekommenen Phantoms stammen aus Deutschland. Insgesamt 15 F-4F dienten bis Dezember 2004 zur Ausbildung von Luftwaffen-Besatzungen in Holloman, New Mexico. Da das Training in der Verantwortung der US Air Force stattfand, tragen die Maschinen amerikanische Hoheitsabzeichen. Nach dem Ende ihrer Dienstzeit lohnte sich eine Rückführung nach Europa nicht mehr, und so genießen die Kampfflugzeuge ihren Ruhestand unter der Sonne Arizonas.

Knapp 20 Jahre lang erfolgte die Schulung von Phantom-Besatzungen auf der George Air Force Base bei Victorville in Kalifornien (heute übrigens ein Ort für die Einlagerung von Airlinern, siehe weiter hinten im Buch). Die abgebildete F-4E des damals in George stationierten 35th Tactical Fighter Wings landete allerdings schon 1989 in Arizona.

»Wild Weasel«, die zur Unterdrückung der gegnerischen Luftabwehr ausgelegt war. Die erste Maschine dieses Typs mit der Kennung 69-7261 wurde am 11. März 1992 nach Mojave überführt und im Juni 2001 abgeschossen. Da die F-4G relativ frisch aus dem Inventar kamen, waren sie natürlich einfacher wieder flottzumachen. Nachdem man fast alle F-4G »verbraucht« hatte, stand als nächstes die F-4E auf dem Plan, weil sich die Aufklärervariante RF-4C zunächst als weniger geeignet für die Drohnen-Mission erwiesen hatte. Bisher wurden mehr als 200 Maschinen umgebaut. Der Umrüstungsvertrag läuft noch bis 2013, dann wird wohl die F-16 die Stelle der Phantom übernehmen.

Ausgemusterter Playboy: Quasi als Tradition versah die in Point Mugu, Kalifornien, stationierte Teststaffel VX-4 »Evaluators« einige ihrer Flugzeuge mit einem schwarzen Anstrich und dem »Bunny«-Symbol. Das Flaggschiff trug den Rufnamen »Vandy One«. Diese F-4S absolvierte 1986 ihren letzten Flug.

Für die F-4S des US Marine Corps hat die mit ihrer Ankunft im Jahr 1987 begonnene Wartezeit ein Ende: Sie wird bald im Schmelzofen verschwinden. Zuvor war sie bei der VMFA-212-Staffel in Kaneohe Bay auf Hawaii stationiert.

Diese F-4D flog bis 1990 bei der Michigan Air National Guard.

Die F-4S war die letzte Marineversion der Phantom. Diese beiden Maschinen waren zuletzt bei der Ausbildungseinheit VMFAT-101 des Marine Corps in Yuma, Arizona, im Einsatz.

Als Test- und Begleitflugzeuge setzte das Erprobungszentrum der US Air Force diese beiden NF-4E bis 1991 auf der Edwards Air Force Base ein.

Hier vegetieren die Todgeweihten: In der Area 22 warten Dutzende von Marine-Phantoms auf die Verschrottung. Diese F-4S gibt es schon nicht mehr.

Leicht ausgebleicht von der Sonne, aber immer noch imposant präsentiert die F-4D ihre Markierungen der Oregon Air National Guard.

B-52 Stratofortress–

Einen Kopf kürzer gemacht

Als Folge des START-Abrüstungsvertrags zwischen der UdSSR und den USA (START = Strategic Arms Reduction Treaty), der zwar schon 1982 von US-Präsident Ronald Reagan vorgeschlagen, tatsächlich aber erst am 31. Juli 1991 unterzeichnet wurde, sollten auf US-Seite unter anderem 365 Boeing B-52 Stratofortress verschrottet werden.

Dieses sprichwörtliche Schlachtfest begann im Oktober 1993, denn zum Einsatz kam eine 5890 kg schwere Guillotine. Nachdem am Flugzeug die Stellen festgelegt waren, an der das Messer zuschlagen sollte, zog ein Kran das riesige Fallbeil etwa 25 m in die Höhe, bevor es hinuntersauste, um den Rumpf an drei Stellen zu spalten, die Tragflächen abzutrennen sowie die Steuerkabel zu zerschneiden. Dann wurden die Überreste der B-52 für mindestens drei Monate so liegen gelassen, damit russische Satelliten Aufnahmen machen konnten und sich der Gegner vom Abrüstungsfortschritt überzeugte. Darüber hinaus gab es zur genauen Überprüfung noch routinemäßig Besuch aus Moskau, wobei sich selbstverständlich auch US-Experten vom Stand der Abrüstung vor Ort in der UdSSR vergewisserten.

Auf diese Weise wurden also die ersten 268 Maschinen »einen Kopf kürzer« gemacht. Doch das nicht ganz kontrollierbare Verfahren zerstörte einige wertvolle Komponenten und machte das Betreten der zertrennten Flugzeuge zum Ausbau von Teilen zur Gefahr. Als Konsequenz wurde zum Zertrennen schließlich die sicherere K-12 Rettungssäge eingesetzt. Jetzt dienen die B-52G nur noch als Ersatzteilspender für die B-52H. Aber selbst einige Vertreter der letzten noch im Einsatz befindlichen Variante mit dem Spitznamen BUFF (für»Big Ugly Fat Fellow«, zu Deutsch etwa »großer hässlicher fetter Kumpel«) sind schon in der Wüste anzutreffen. Bis Mitte 2008 waren noch 94 B-52H aktiv, doch davon sollen weitere 18 ausrangiert werden. Nach mehr als 45 Jahren im Dienst landete die erste B-52H mit der Kennung 61-0023 vom 2nd Bomb Wing der Barksdale AFB in Louisiana am 24.

6500
BC331

Juli 2008 in Davis-Monthan. Allerdings soll der Rest der Flotte noch bis 2040 fliegen. Damit scheint für die B-52G eine lange Zukunft als Ersatzteilspender vorprogrammiert.

Fein säuberlich zerlegt liegen die B-52-Bomber im Wüstenstaub. Statt der im Hintergrund erkennbaren Guillotine (Foto oben rechts) kommt nun eine Motorsäge (Bild ganz links) zum Einsatz, um die Riesen zu zerteilen.

BC332

K

Aus den einst stolzen Stahlkolossen werden Mitleid erregende Hüllen, deren lose Teile im Wind um Gnade zu knarzen scheinen. Frühe Modelle wie die B-52D (links, Mitte) gibt es heute nicht mehr bei AMARG.

Einmalige Vielfalt: Ein Typ kommt selten allein

Für echte Flugzeugfans dürfte AMARG das reinste El Dorado sein: Denn wie anfangs bereits erwähnt sind etwa 4500 Exemplare der verschiedensten Flugzeuge und Hubschrauber auf der Davis-Monthan AFB eingelagert, wobei es sich insgesamt um 70 unterschiedliche Typen handelt. Die ältesten davon sind hier schon seit den 70er Jahren zu Gast. Wenn die Geschichten erzählen könnten…
Da diese Zeitzeugen aber stumm bleiben, sollen die folgenden Seiten zum Trost einen bildlichen Eindruck von der Typenvielfalt geben, während eine Inventarliste von AMARG im Anhang zu finden ist.

Zu den ältesten Insassen gehören die Douglas A-3 Skywarrior der US Navy. Die EKA-3B steht hier schon seit Januar 1974 und hat so manches andere Flugzeug kommen und gehen sehen. Dagegen ist die TA-3B mit Ankunftsdatum Juli 1990 geradezu ein »Frischling« (Bild rechts)

Die T-46 war das letzte Produkt des bekannten Flugzeugherstellers Fairchild. Die »Eaglet« sollte der Nachfolger der Cessna T-37 als Standardtrainer der US Air Force werden, doch ein Jahr nach dem Erstflug am 15. Oktober 1985 stornierte das Militär das Programm. Nur drei Maschinen wurden gebaut. Eine davon steht an der »Celebrity Row«.

Letzte Hoffnung AMARG: Oft ist der »Boneyard« die einzige Quelle für Ersatzteile längst nicht mehr gebauter Typen. So fliegt Australien als einziges Land noch die General Dynamics F-111 und könnte bei Bedarf auf die Spender in der Wüste zurückgreifen. Fast alle Varianten des Schwenkflügelbombers sind hier vertreten, einschließlich des elektronischen Störflugzeugs EF-111A (Abb. rechts).

AFMC
10326
ANG
63654
CC
AF 70 419
CC
AF 70 409
AAFV0263

CC
AF 70 413
CC
AF 70 403

U.S. AIR FORCE
USAF

In Reih und Glied geparkt warten die Lockheed C-141 Starlifter, einst Rückgrat der US-Transporter-Flotte, auf ihr Ende, da es für die früheren Arbeitstiere mit ihren durstigen Triebwerken keine Verwendung mehr gibt.

Stars der »Celebrity Row«: Die beiden Prototypen der Boeing YC-14 (Mitte) und McDonnell Douglas YC-15 (links) traten in den 70er Jahren gegeneinander an. Im Endeffekt konnte sich aber kein Muster durchsetzen.

Nachschub für Museen steht in einem besonderen AMARG-Bereich. Die Sikorsky VH-34 diente einst zum Transport von US-Präsidenten.

Gäste in Tucson waren lange Zeit zwei deutsche Panavia Tornado. Die Bundeswehr wollte damit die hiesigen Einlagerungsmöglichkeiten erproben. Die abgebildete Maschine hat mittlerweile ihren Weg ins benachbarte Pima Air and Space Museum gefunden.

Das schnellste Segelflugzeug der Welt: Diese Convair QF-106 Delta Dart war 1997/1998 Teil eines besonderen Projekts mit Namen »Eclipse«, wobei ein Starlifter den Jet mittels eines speziellen Seils schleppte, das am Bug vor dem Cockpit befestigt war. So sollten Konzepte für den Start von Raumflugkörpern erprobt werden. Nun wartet die QF-106 auf einen verdienten Platz im Museum.

RESCUE
AABT0006
7
4055
WAR EAGLES
EL
070

High-Tech in den Sand gesetzt: Aus Sparmaßnahmen schickte die US Air Force ab 2002 die ersten Rockwell B-1B Lancer in die Wüste.

AMARG verfügt über rund 25 der modernen Schwenkflügelbomber. Ein Teil ist eingemottet und könnte wieder in den aktiven Dienst gehen. Diese Chance haben die hier abgebildeten B-1 nicht mehr, da sie nach Bedarf ausgeschlachtet werden. Eine Maschine spendete sogar ihren Flügel, um ein beschädigtes Exemplar wieder flottzumachen (kleine Abb. rechts).

Fury 1
28TH BO

Ob diese KC-135E der Pennsylvania Air National Guard wegen ihres »schlechten Umgangs« auf die Abschussliste geraten ist? Wohl eher aufgrund ihres Alters. Damit ist sie in guter Gesellschaft, denn fast 200 weitere Stratotanker auf dem Gelände teilen ihr Schicksal

Diese zivilen Boeing 707 flogen in Vietnam (links) und in der Türkei (rechts), bis sie die US Air Force als Teilelieferant für die eigene Tankerflotte kaufte. Dazwischen liegen die Überreste von P-3-Seeüberwachungsflugzeugen, E-2-Frühwarnmaschinen und C-2-Transportern sowie eine einzelne A-4 Skyhawk.

TC-JBS

Navy-Jets längst vergangener Tage fristen nach wie vor ihr Dasein in Davis-Monthan, auch wenn ihre Anzahl immer kleiner wird. Mit 180 Exemplaren ist die Douglas Skyhawk noch am häufigsten vertreten. Die meisten davon sind TA-4J-Trainer wie diese im September 1994 angekommene Maschine (ganz oben). Von den Einsitzern wie der A-4M der Marines-Staffel VMA-124 (oben) existiert nur noch eine Handvoll. Dafür gibt es rund 100 Vought A-7 Corsair II (o. rechts). Die legendäre Vought F-8 Crusader ist nur noch mit vier Vertretern der Aufklärerversion vertreten (u. rechts). Diese RF-8G steht an der »Celebrity Row«, während der Rest als Testobjekte für neue Präservationsverfahren dient.

415

AN2F0423

Früher wurde ihre Ankunft lang ersehnt, heute will sie keiner mehr haben: Die Grumman C-1 Trader beförderten Personen, Post und wichtige Güter auf die Flugzeugträger der US Navy.

Dauergast in Tucson: Seit September 1980 wehrt sich diese Fairchild C-123K Provider gegen die Verschrottung. Ob sie weiterhin Erfolg haben wird?

Die ältesteste noch im AMARG-Inventar existierende Hercules ist diese C-130D. Sie landete am 2. Juni 1976 in Davis-Monthan. Wie man sieht hat der Zahn der Zeit deutliche Spuren hinterlassen.

AFRES

Früher streng geheim diente die Martin WB-57F zu Spionageflügen. Aufgrund ihrer enormen Spannweite konnte sie Höhen von bis zu 17.000 m erreichen. Heute fungieren noch zwei Exemplare bei der NASA als Forschungsplattformen, die ihre Ersatzteile von den fünf Oldies erhalten, über die AMARG verfügt.

Dieses seltene Duo bereicherte 1995 die Museumsstraße auf dem AMARG-Gelände: eine North American F-100F Super Sabre und eine F-106B, die während der Flugerprobung der Rockwell B-1 als Begleitflugzeug gedient hatte. Die Delta Dart befindet sich heute in einem privaten Luftfahrtmuseum in Chino bei Los Angeles.

Hommage an die 50er Jahre: Noch gibt es einige Lockheed T-33 in Davis-Monthan, die hier seit fast drei Jahrzehnten stehen. Doch die Schrotthändler warten schon...

Neue Herausforderung für die alten AMARG-Hasen: Wie lagert man das ehemals größte Flugzeug der Welt ein? Wie sich herausstellen sollte, erwies sich der Boden für die Lockheed C-5 Galaxy als hart genug. Allerdings waren statt der üblichen Holzgestelle Betonblöcke zur Stabilisierung der Rümpfe nötig. Die Riesen sind nun Ersatzteilspender. Von 2003 bis 2005 kamen insgesamt 13 Exemplare in die Wüste.

U.S. AIR FORCE
U.S. AIR FORCE

U.S. AIR FORCE

AIR MOBILITY COMMAND
CREW CHIEF
POLICE DEPARTMENT
POLICE

Die letzte ihrer Art: Seit 1980 ist die McDonnell F-101B Voodoo in Davis-Monthan zu Hause. Von den ehemals Hunderten ist nur dieses eine Exemplar übrig geblieben.

Ausgedient hat die Grumman E-2B Hawkeye. Sie war eine der ersten Vertreter des Frühwarnflugzeugs, die ihren letzten Weg nach Arizona antraten.

Ganze Generationen von Marinepiloten haben mit der T-2 Buckeye den Einsatz auf Flugzeugträgern gelernt. Nach der endgültigen Außerdienststellung des Musters bei der US Navy im Jahr 2008 ist ihre Zukunft offen.

ZIVILE EINLAGERUNG: WENN AIRLINER AUSGEDIENT HABEN

Wann werden Verkehrsflugzeuge in die Wüste geschickt?

»Absolutely no trespassing« »Betreten strengstens untersagt«) warnt ein schlichtes Schild. Wie aber sollte man unbemerkt den über 2 m hohen Maschendrahtzaun überwinden? Absolut kein Überschreiten, keine Durchfahrt, Besucher und Fotografieren verboten – Warnschilder wie diese prangen zuhauf an den Zäunen ziviler Bone- oder Scrapyards. Hinzu kommen Wachpersonal und Hunde, die Interessierten Furcht einflößen und die Verbote unterstreichen sollen. Irgendwie rätselhaft... Doch je mehr ein Geheimnis darum gemacht wird, desto neugieriger werden wir. Warum also schirmen Fluggesellschaften ihre alten Maschinen so hermetisch ab?

Nüchtern betrachtet nutzen die Airlines und Leasinggesellschaften – ebenso wie das Militär – zur Einlagerung ihrer Flugzeuge das trockene Klima und die harten Salzböden des Südwestens der USA. Zwar nicht so aufwendig wie in AMARG werden jedoch auch hier alle Öffnungen zum Schutz vor Umwelteinflüssen verkleidet, um die ehemals millionenschweren Schützlinge der Fluglinien sicher zu parken. So landet nämlich im Konkursfall einer Fluglinie die Flotte oft in der Wüste, bis sich neue Abnehmer gefunden haben. Allerdings herrscht auf den zivilen Plätzen für Airliner ein ständiges Kommen und Gehen. Modernere Muster sind meist nur auf der »Durchreise« während bei anderen Typen aus wenigen Wochen für immer werden kann.

Um der Frage wann oder warum ein Flugzeug außer Dienst gestellt wird noch weiter auf den Grund zu gehen, lassen wir Experten zu Wort kommen, so wie Dirk Jan van Heerden, General Manager des niederländischen Unternehmens Aircraft End-of-Life Solutions (AELS) in Delft. Denn die 2006 gegründete

NORTHWEST
CARGO
nwa
Logistic Air CARGO
EVERGR ERNATIONAL

Firma hat sich auf Entsorgung und Verwertung von Verkehrsflugzeugen spezialisiert und bis dato rund 20 Jets aus dem Verkehr gezogen. Obwohl sich die AELS hauptsächlich auf Europa konzentriert, nimmt sie aber auf Kundenwunsch auch Aufträge in den USA oder anderen Ländern an. »It's all about the money« – es geht dabei wie immer nur ums Geld. Natürlich gibt es auch technische Faktoren, welche die Lebensdauer eines Flugzeuges beeinflussen. »Aber bei dem aktuell hohen Ölpreis sind alte Flugzeuge mit ihrem hohen Spritverbrauch kaum wirtschaftlich zu betreiben und veralten schneller« meint van Heerden.
An der Anzahl der abgestellten Maschinen lässt sich auch gut die momentane Situation des Luftverkehrs ablesen: So füllten sich die Wüstenplätze erstmals rasant während der Ölkrise der 70er Jahre. Ebenso multiplizierten sich während des Golfkrieges von 1991 und der Pleiten großer Airlines die Jets in der Wüste. Und als jüngstes Beispiel sei die Luftverkehrskrise nach den Anschlägen vom 11. September 2001 aufgeführt, in der zeitweise mehr als 2000 Flugzeuge sprichwörtlich in den Sand gesetzt wurden, teils frisch aus der Fabrik kommend. Doch die Reihen sollten sich mit dem anschließenden Aufschwung wieder lichten, die Gesamtzahl konstant reduziert werden, nicht zuletzt aufgrund der vermehrten Verschrottung älterer Muster wie der DC-9, der 737-200 und der 747-200.
Und jetzt? Durch die immense Ölpreissteigerung ab 2007 steigen die Zahlen wieder und die Reihen füllen sich erneut. »Wir sind quasi in einer Gegenkurve: Geht es den Airlines schlecht, floriert die Verwertungsbranche« berichtet der AELS-Manager. Das Geschäft wächst also. »Wir schätzen, dass in diesem Winter (2008/2009) zwischen 7 und 9% der globalen Flotte gegroundet werden wird«. Ein Großteil davon in den USA als Folge von Streckenschließungen und Mergern. Aufgrund der steigenden Treibstoffpreise werden immer mehr ältere Muster mit hohem Verbrauch in die Wüste geschickt, die mehr oder weniger direkt in der Verwertung landen. Wie viele Maschinen werden generell reaktiviert? »Das ist eine interessante Frage und hängt auch vom jeweiligen Typ ab. Bei einer 40

Eingelagerte Flugzeuge weltweit

Jahr	Anzahl
2002	1600
2003	1670
2004	1399
2005	1205
2006	1254
2007	1077
2008	1049

Jahre alten DC-9 sind die Chancen nicht sehr groß«, erklärt van Heerden.
Hängt das Damoklesschwert der Verschrottung erst einmal über einem Flugzeug, folgt fast immer die gleiche Prozedur: Als erste Amtshandlung werden bei der Ankunft auf dem Lagerplatz alle Logos und Schriftzüge entfernt. Dabei sind neugierige Enthusiasten und Fotografen nicht erwünscht, denn anhand von Anstrich und Kennung können die Flugzeuge leicht den Gesellschaften zugeordnet werden, was diese wiederum gar nicht toll finden. Der AELS-Manager weiß warum: »Sie wollen auf gar keinen Fall negative Publicity. Denn ein Flugzeug, das nicht fliegt oder gar verschrottet wird, ist natürlich keine gute Werbung.« Und lässt gegebenenfalls auch Rückschlüsse auf die ökonomische Situation einer Fluggesellschaft zu. Fragen zu diesem Thema werden übrigens von Airlines – wenn überhaupt – nur widerwillig beantwortet.
Doch wenden wir uns wieder der Verschrottung zu: Alle Teile, die sich noch im Luftfahrtbereich verwenden lassen, werden nun entfernt, denn sie unterliegen aus Sicherheitsgründen den strengen Richtlinien der Luftfahrtbehörden, wobei die Triebwerke den wichtigsten Einzelposten darstellen und häufig mehr wert sind als das gesamte eingelagerte Flugzeug. Die Verwertungsbetriebe entnehmen sie daher meistens zuerst. Dann folgt die Zerlegung der Zelle, wobei die Leitungen teilweise in Handarbeit zerschnitten werden. Ein Bagger zerteilt den Rest in kleinere Segmente, die

Zum letzten Mal gelandet ist die hier zu sehende Boeing 747. In Mojave werden alle noch verwertbaren Teile entnommen.

Hier hat schon lange kein Pilot mehr gesessen: Die Boeing KC-97 hat nun in Fox Field, Kalifornien, ihren Frieden gefunden. Viele Airliner haben dagegen nicht so viel Glück und enden als Schrott.

der Schredder schließlich zu handlichen Portionen verarbeitet. Nun trennt noch ein Magnet das Metall vom Nichtmetall. Auf diese Weise können bis zu 90% einer Maschine in verschiedenen Formen wiederverwendet werden. In Zahlen ausgedrückt heißt das zum Beispiel bei einer Boeing 747, dass ihr Schrottmetallwert 75.000 bis 100.000 Euro, der Wert ihrer Einzelteile einschließlich der Triebwerke aber drei bis fünf Millionen Euro beträgt.

»Bei einem relativ neuen Flugzeugtyp bauen wir alles aus«, erläutert van Heerden, »bei älteren Mustern entnehmen wir in der Regel nicht alles, da sonst die Gefahr besteht, Ladenhüter zu sammeln.« Für Privatleute besteht im Normalfall keine Möglichkeit, an so einem »Ausverkauf« teilzunehmen und etwa Souvenirs wie Sitze zu erwerben. Sollte doch mal ein Verkauf zustande kommen, muss der Händler nicht nur genau aufpassen, wem er was veräußert, sondern zudem die ausgebauten Teile unbrauchbar machen, damit sie nicht als Ersatzteile weiterverkauft und so zu einem Sicherheitsrisiko werden können.

Solche Lagerstätten oder Boneyards sind nicht nur für Flugzeugfans faszinierend, schließlich hat jedes Flugzeug seine eigene Geschichte zu erzählen...

Trio ohne Zukunft: In Mojave warten drei Fokker 100 von American Airlines auf die Klauen der Bagger.

Das Ende ist nah: Zum Schluss der Verwertungsprozedur werden die Zellen in handliche Segmente zerlegt. Bei der Boeing 767 im Pinal Air Park (Bild rechts oben) fehlt bereits die gesamte Bugsektion.

AVRA VALLEY AIRPORT, ARIZONA

Neben den großen Namen in der Einlagerungsbranche wie Marana und Mojave lassen sich Klassiker der Lüfte auch an kleineren Orten finden, wo man sie auf den ersten Blick nicht vermuten würde. Wie beispielsweise hier in Avra Valley, knapp 30 km nordwestlich von Tucson gelegen. Im Gegensatz zu vielen anderen Flugplätzen der Region hat der Avra Valley Airport keine militärische Vorgeschichte, sondern diente hauptsächlich als Platz für die allgemeine Luftfahrt. Nachdem die Stadt Marana den Flugplatz 1999 vom Pima County gekauft hat, ist er heute als Marana Northwest Regional Airport bekannt. Klassiker wie die berühmte »MATS Connie« des Computer-Millionärs Vern Raburn waren hier bis 2005 beheimatet. Raburn ließ die Lockheed VC-121A Super Constellation Anfang der 90er Jahre im Stil des Military Air Transport Service restaurieren. Der Oldtimer begeistere so viele Flugschaubesucher, bis er eine neue Heimat in Südkorea fand.
Heute gibt es immer noch zwei Vertreter des eleganten Transportflugzeugs hier: Die »Columbine II« war in ihrer aktiven Zeit als »Air Force One« mit Präsident Dwight D. Eisenhower unterwegs und landete 2003 in Avra Valley, wo sie auf einen neuen Besitzer wartet. Weniger gute Karten hat die zweite Maschine, denn sie gehört der Super Constellation Flyers Association aus der Schweiz und dient als Ersatzteillieferant für deren flugfähige Connie.
Das Areal, das früher die fliegende »MATS Connie« beherbergte, wird nun vom Unternehmen ATW Aviation genutzt, um unter anderem mehrere Douglas A-4 Skyhawks wieder flott zu machen. Denn das ehemalige Kampfflugzeugmuster gehört noch nicht zum alten Eisen. So werden einige A-4 im Auftrag des Militärs von zivilen Unternehmen als Zieldarstellungsflugzeuge betrieben. Die Welt ist klein, wie kann es da anders sein: Die in Avra Valley stehenden Skyhawks stammen aus AMARG!

Skyhawk-Puzzle: Diese aus AMARG stammenden Douglas A-4 werden in mühevoller Kleinarbeit wieder flugfertig gemacht. Bei der Maschine im Vordergrund hat man das Rumpfheck abgenommen.

Die Abstellfläche in Avra Valley hat schon so manchen Ölfleck hinnehmen müssen. Ganz dicht scheint auch dieser Sternmotor einer Grumman Albatross nicht zu sein.

Ihr letztes Feuer haben diese beiden C-54-Wasserbomber längst gelöscht. Sie stehen seit vielen Jahren am selben Platz. Alles andere als ein Ende im Schrotthandel wäre eine Überraschung.

Unterschlupf für Maus und Co.: Auf welchen Pfaden diese Cessna A-37 ihren Weg nach Avra Valley gefunden hat, bleibt wohl ein Rätsel.

Millionär gesucht: Die »Columbine II« ging im November 1948 an die US Air Force und wurde nach 20 Dienstjahren auf der Davis-Monthan Air Force Base eingelagert. Dort kaufte sie eine Firma, um sie als landwirtschaftliches Sprühflugzeug umzurüsten. Dieses Schicksal blieb ihr aber erspart, denn zwei Privatleute restaurierten sie als fliegenden Oldtimer. Doch das Glück war nur von kurzer Dauer, denn das Duo konnte keinen finanzkräftigen Käufer finden. Zuletzt wurde die Constellation für rund drei Millionen Dollar angeboten.

Das einstige Constellation-Ersatzteillager droht nun vom Rost verschlungen zu werden.

Die Hoffnung stirbt zuletzt: Im Jahr 1995 sah diese »Connie« in Avra Valley nicht so aus, als ob sie bald wieder fliegen könnte. Und doch kam sie zu einer niederländischen Stiftung und ist heute in Lelystad in bestem Zustand zu bewundern.

KINGMAN, ARIZONA

Unendliche Weiten. Wohin man auch blickt, das Auge kann den Horizont nicht erfassen. Mitten im Nichts. Nicht ganz: Ein kleiner Flugplatz, der als Kingman Army Air Field in die Geschichte einging, trotzt hier im Bundesstaat Arizona irgendwo zwischen Las Vegas und Phoenix der Natur. Nur ein kleines Museum erinnert an seine Vergangenheit. Und ein Kontrollturm aus den 40er Jahren als einziger, stummer Zeuge für die Verschrottung der zahlreichen Kampfflugzeuge, die nach Kriegsende überflüssig waren und ihr Ende im Schmelzofen fanden. Rund 7000 Flugzeuge landeten hier auf dem Flugfeld, das 1942 zunächst zur Ausbildung von Bordschützen errichtet wurde, aber schon bald als Lager- und Verschrottungsplatz dienen sollte.

Schließlich fiel das Kingman Army Air Field 1949 mit der Übergabe an Mojave County wieder in zivile Hände, wo der heute unter dem Namen Kingman Airport & Industrial Park bekannte Platz wieder für die allgemeine Luftfahrt geöffnet wurde. Da das Klima unverändert ist, eignet sich der Ort immer noch ideal zum Einlagern von Flugzeugen, und so finden sich dort einige ausgediente Airliner, meist kleinere Regionalflugzeuge.

TWA
L-1011
TRANS WORLD

EASTERN
N400MX

MARANA / PINAL AIR PARK, ARIZONA

Trotz offenem Fenster ist es glühend heiß, das Atmen fällt schwer und die Thermik ist wirklich nichts für schwache Mägen, dafür entschädigt der Blick aus der Cessna über den Pinal Air Park bei Marana in Arizona. Eine Vielzahl farbenfroher Flugzeuge taucht auf, wir gehen tiefer. Landen natürlich verboten. Der Pilot setzt trotzdem auf, er macht sich einen Spaß daraus. Mit gezückten Kameras rollen wir an den Maschinen vorbei. Und dann geht's wieder ab in die Luft, man weiß ja nie, wer am Wochenende kommt...
24 Stunden früher: Kurz vor Tucson verlassen wir die Interstate 10, um eine der größten und berühmtesten Lagerstätten von ausgedienten Airlinern der Welt zu besichtigen, den Pinal Air Park. Doch die Reise endet schon früh an einem großen Tor mit bewaffneten und unnachgiebigen Wachposten, die das knapp zwei Quadratkilometer große Areal perfekt gegen neugierige Blicke abschirmen. Schnell wird klar, Besucher und besonders Fotografen sind unerwünscht, mehr als ein flüchtiger Blick von der Autobahn auf ein paar bunte Leitwerke ist nicht drin.
Hausherr des so unter Verschluss gehaltenen Platzes ist das Evergreen Maintenance Center, das zur Firmengruppe Evergreen International Aviation aus Oregon gehört und hier neben der Einlagerung und Verschrottung sowohl Wartungs- als auch Umrüstungsarbeiten durchführt. Mehr als 300 Flugzeuge kann der Pinal Air Park aufnehmen, der über drei Runways verfügt. Die Pisten bilden ein Dreieck, wobei zwei davon als Abstellfläche genutzt werden.
Die Abgeschiedenheit des Ortes hat übrigens Tradition: Nachdem er 1942 als Marana Army Air Field zur Pilotenausbildung gebaut wurde und nach dem Zweiten Weltkrieg als Privatflugplatz diente, beherbergte der Pinal Air Park diverse Flugschulen, die teilweise unter Vertrag mit der USAF standen. Während des

EVERGREEN
N478EV
EVERGREEN INTERNATIONAL
NORTHWEST
nwa
AIRLINES
Logistic Air CARGO
ORTHWEST
ARGO

Vietnamkriegs bot er Heimat für verschiedene Airlines, hinter denen der US-Geheimdienst CIA steckte, wie zum Beispiel die berühmte Air America. Von hier aus wurden unter anderem geheime Transportflüge durchgeführt. Nachdem die CIA aufgrund politischen Drucks ihre Tarnfirmen verkaufen musste, übernahm Evergreen den Flugplatz 1975 in Pacht vom Pinal County.

Der frühere Stolz von Northwest Airlines auf der Schlachtbank: Die Evergreen-Arbeiter holen aus den zwei Boeing 747, was zu holen ist. Die Rumpfhälften anderer Verkehrsflugzeuge werden dabei als »Hütten« für Material zweckentfremdet.

Gehen oder bleiben lautet die Frage bei diesen Delinquenten. Die 737-200 von Logistic Air hat zumindest noch eine theoretische Chance, während die 747-100 von TWA im Hintergrund schon verloren scheint.

Tests für die Airliner von morgen: Dieser Jumbo Jet gehört Triebwerkshersteller Rolls-Royce und war für die Erprobung des Antriebs für die Boeing 787 zuständig.

BWIA
TriStar 500
We are the Caribbean
BWIA International
N728DA

Keine Gnade kennen die Verwerter auch bei diesem Lockheed TriStar. Die Maschine mit der Kennung N728DA hatte am 31. Juli 2001 den letzten Linienflug dieses Musters bei Delta Air Lines durchgeführt. Damit endete die 28-jährige Karriere des Dreistrahlers bei der bekannten Fluggesellschaft.

In einem etwas abseits liegenden Areal des Evergreen Air Centers erfolgt der letzte Akt: Mitte 2008 wurden hier vor allem Douglas DC-9 zerstückelt. Die Maschinen von Northwest hatten keine so lange Anreise, ganz im Gegensatz zur Boeing 767 von Qantas (oben). An der Seitenflosse schimmert noch das nur mäßig übertünchte Känguru durch.

Zumindest in Marana trifft man noch auf eine Vielzahl von Douglas DC-10, die von den meisten Verkehrsflughäfen leider verschwunden sind.

Es gibt auch Hoffnungsschimmer: Eingerahmt von zwei Northwest-Jumbos sah diese 747SP im Sommer 2007 einem ungewissen Schicksal entgegen. Der Jet flog von 1980 bis 1996 bei Korean Air Lines, bis er an Boeing zurückging. Der Flugzeughersteller spendete ihn schließlich an die Stiftung »World Wide Wings«, um ihn als fliegendes Krankenhaus umrüsten zu lassen. Doch dazu kam es nie, aus dem vorübergehenden Aufenthalt wurden zehn Jahre. Im September 2008 startete jedoch die 747SP nach einer Grundüberholung in eine neue Zukunft. Sie soll ein fliegender Prüfstand für Triebwerke bei Pratt & Whitney werden.

Selbst auf Schrottplätzen ist die Douglas DC-8 immer seltener zu sehen. Mitte des Jahres 2008 gab es selbst im Pinal Air Park nur noch vier Exemplare.

Ein Alptraum für Fans von Douglas-Verkehrsflugzeugen:

Gleich mehrere DC-9 und eine DC-10 von Northwest warten auf ihre Zerstückelung.

Eine Rarität aus Fernost versteckt sich zwischen zwei »normalen« Jumbos: Die 747SR war speziell auf den japanischen Inlandsverkehr ausgerichtet und besaß eine geringere Reichweite, konnte aber dafür fast 500 Passagiere befördern. All Nippons Airways flog dieses Exemplar von 1981 bis 2004.

Ganze 24 Jahre leistete die hier abgebildete 747-200 treue Dienste bei Northwest, bis sie die Airline 2003 in die Wüste Arizonas verbannte. Seitdem konnte sich kein neuer Betreiber finden, so dass die Demontage im Sommer 2008 begann.

Ein Flug nach Marana muss nicht gleich ein Todesurteil bedeuten: Evergreen führt auch Wartungs- und Instandsetzungsarbeiten durch.

Die ohnehin schon kleine Boeing-727-Gemeinde ist um ein weiteres Exemplar ärmer. Genau 35 Jahre nach ihrem Erstflug ist die Karriere dieser 727-200 vorbei. Sie flog zuletzt für Air Santo Domingo.

Auch neuere Muster wie diese Boeing 767 der Qantas und dahinter sogar ein Airbus A320 sind nicht vor der Verschrottung gefeit.

Nicht mehr viel übrig gelassen haben die Schneidbrenner von dieser Boeing 747.

Dieser TriStar kam im Juni 2001 nach Marana. Nach langen Jahren der Einlagerung steht ihm nun die Verschrottung bevor. Ein trauriges Schicksal ereilte auch seinen ehemaligen Besitzer. BWIA West Indies Airways war die größte Fluggesellschaft aus der Karibik, musste aber 2006 den Betrieb einstellen.

Ersatzteillager unter freiem Himmel: Neben den Jumbo Jets liegen Lufteinlaufverkleidungen zahlreicher Triebwerke sowie andere 747-Komponenten herum.

Ihrer Triebwerke beraubt wird die DC-8 wohl nie wieder Marana verlassen. Zumindest nicht intakt. Dabei ist es schon ihr zweiter Aufenthalt, denn Mitte der 80er Jahre hatte schon Air Canada den Jet mit Baujahr 1969 in die Wüste geschickt.

MOJAVE, KALIFORNIEN

Das Rattern der Räder, das Schlagen loser Riegel auf Waggonwände ist weit bis ins Tal zu hören. Ewig lange Güterzüge fahren pausenlos durch das kleine Örtchen Mojave in Kalifornien, das seine Existenz eben dieser Eisenbahnlinie verdankt. Rund 140 km nördlich von Los Angeles liegt es im Antelope Valley der Mojave-Wüste. Gemütlich ist es hier nicht, aber fluggeschichtsträchtig. So eröffnete die Gemeinde in den frühen 30er Jahren ein ziviles Flugfeld, aus dem zwar 1942 ein Fliegerhorst des US Marine Corps wurde, den man aber später auf den Status eines Hilfsflugplatzes zurückstufte, bis sich das Militär 1959 endgültig zurückzog.

Heute macht hier ein Zentrum für zivile Flugtests und sogar eine private Testpilotenschule von sich Reden. Seit 2004 gilt Mojave sogar als erster privater Raumflughafen der Welt. Warum? Dank Konstrukteur Burt Rutan, der mit dem SpaceShipOne das erste private Raumflugzeug entwickelte. Seine Firma Scaled Composites ist hier schon längst bekannt: So gelang seinem Voyager 1987 die erste Weltumrundung ohne Zwischenstopp und Betankung. Darüber hinaus blickt der Ort auf eine lange Tradition der Umrüstung ausgedienter Kampfflugzeuge in Drohnen für die US Air Force zurück. Und damit nicht genug hält auch Hollywood Einzug in Mojave: Kinofilme wie »Stirb langsam 2«, »Hot Shots« und »Waterworld« wurden hier gedreht. Auch Fernsehserien wie »24« fanden dort den passenden Rahmen.

Weltweit bekannt ist Mojave jedoch durch die seit den 60er Jahren in der Wüste abgestellten Airliner. Neben Marana gilt er als einer der ältesten Orte für die Einlagerung von Verkehrsflugzeugen. Seinen traurigen Höhepunkt erreichte Mojave allerdings nach der Katastrophe am 11. September 2001, als aus rund 60 geparkten Flugzeugen mehr als 300 wurden. Nach Beruhigung der Lage waren es im Sommer 2008 noch

TA
TA
TA
N789DL
N787DL

rund 75 Flugzeuge – allerdings mit steigender Tendenz, die sich jedoch weniger auf Einlagerung als in den meisten Fällen auf Ausschlachtung und Entsorgung konzentriert. Hinzu kommen die sich erhöhenden Preise für die Lagerung: Waren es einmal 150 Dollar pro Flugzeug, zahlt man nun für eine Boeing 747 immerhin rund 500 Dollar pro Woche, bei kleineren Mustern entsprechend weniger. Daher reduziert sich die Zahl von »Dauergästen« zum Leidwesen vieler Flugzeugfans erheblich.

Nur noch ein Haufen Schrott ist von dem hier zu sehenden Lockheed TriStar übrig, früher ganzer Stolz der Flotte von Delta Air Lines.

Auch in Mojave gehört die legendäre Douglas DC-8 inzwischen zu den Exoten. Dieses Exemplar hat ganze vier Jahrzehnte auf dem Buckel. Gerade einmal 15 Jahre alt ist dagegen die Fokker 100, die einmal in Diensten von American Airlines stand (Bild rechts).

RSC

Ratespiel für Flugzeugkenner: Was könnte dies für ein Typ gewesen sein? Die Antwort lautet DC-9 von US Airways (links). Bei der 747SR von All Nippon Airways scheint dagegen noch alles dran zu sein (oben). Allerdings hat jemand wohl ein Triebwerk in der Wüste vergessen (unten).

Diese Douglas DC-10 von Hawaiian bringt keine Urlauber mehr auf die Trauminsel.

Ruhe in Frieden: Diese im Jahr 1997 aufgenommene Boeing 727 flog früher für American Airlines und wurde wenig später endgültig verschrottet.

Einen neuen Eigentümer hat die Boeing 737-200 gefunden, die früher für Aloha im Einsatz war. Vielleicht geht sie wie andere Exemplare in Richtung Südamerika.

Viel einstecken musste der TriStar von Delta Air Lines. Er ist schon seit 1988 in Mojave.

Museen aufgepasst: In Mojave gibt es gleich zwei seltene Douglas C-133 Cargomaster. Insgesamt existieren weltweit nur noch sieben Exemplare des Transporters. Diese beiden Maschinen gehören der Cargomaster Corporation, die eine C-133 in Alaska betrieb. Allerdings führte der Oldie im August 2008 seinen letzten Flug durch und landete im Museum auf der Travis Air Force Base in Kalifornien. Was nun mit den beiden Ersatzflugzeugen in Mojave passiert, ist offen.

Mojave gilt auch als ziviles Zentrum für Flugversuche. Früher war hier die Firma Flight Systems beheimatet, die unter anderem über eine Flotte von North American F-86 Sabre verfügte. Im Hintergrund sind die Boeing 707 und 747 zu erkennen, die General Electric für Triebwerkserprobungen verwendete.

Trostlose Stimmung unter Wolken verhangenem Himmel. Normalerweise scheint in Mojave immer die Sonne.

C-FTMV

Alles, was nur irgendwie brauchbar ist, holen verschiedene Privatunternehmen aus Jets wie diesen beiden Douglas DC-10 heraus. In Mojave haben diverse Firmen abgetrennte Parzellen, in denen sie ihre Arbeiten durchführen.

Filmstar mit geringer Lebensdauer: Die Boeing 747 diente als Requisite für den Kinofilm »Einsame Entscheidung« von 1996. Sie trägt den Anstrich der fiktiven »Oceanic Airlines« und wurde später verschrottet.

Wenig Glück in den USA hat die HFB 320 des deutschen Hamburger Flugzeugbaus gehabt. Der Hansa Jet mit der Werknummer 1040 flog in den 70er Jahren in Italien. Ende der 80er Jahre gelangte sie nach Amerika, wo sie schließlich in Mojave landete. Heute existieren wohl noch Teile auf einem privaten Gelände in El Mirage, Kalifornien.

Lange Jahre war Mojave als Zufluchtsort der letzten Convair Coronados bekannt. Das elegante Verkehrsflugzeug wurde Ende der 50er Jahre entworfen, konnte sich aber gegen die übermächtige Konkurrenz von Boeing und Douglas nicht durchsetzen. In den 70er Jahren kamen viele ehemalige TWA-Maschinen in die Wüste. Die meisten davon wurden verschrottet. Vor Ort übrig geblieben sind nur zwei Exemplare, die beide glücklicherweise der Flugplatzverwaltung gehören und so relativ sicher vor den Schrottsammlern sind. Eine davon ist diese CV-990, die früher in Peru flog (Reihe oben).

Um die Mittel für den Kauf einer Spitfire für die eigene Sammlung zu bekommen, verkauften die schwedischen Luftstreitkräfte unter anderem drei Saab Lansen in die USA. Der ursprüngliche Käufer fand aber keine weiteren Interessenten und stellte sie Anfang der 90er Jahre in Mojave ab.

Obwohl es der Anstrich vermuten lässt, flog dieser Jumbo Jet nicht bis zum Schluss für KLM. Sie kam von den Niederlanden zu Air Atlanta aus Island, die sie wiederum an Air Algerie verleaste, um Pilgerflüge nach Haj durchzuführen. Daher prangt am Heck das Logo der algerischen Fluggesellschaft.

Diese Boeing 737 von US Airways hat auch schon bessere Tage gesehen.

Nur 20 Minuten Fahrt entfernt von Mojave döst eine Boeing KC-97 vor sich hin. Sie gehört zur Sammlung des Milestone of Flight Museums auf dem Fox Field bei Lancaster und könnte dringend eine Renovierung vertragen.

Ein weiterer »Insasse« von Fox Field ist eine Armstrong Whitworth Argosy. Das Cockpit des viermotorigen Transporters ist noch in einem halbwegs passablen Zustand.

Hier ist mehr als nur der Lack ab: Die Sikorsky S-55 des Museums in Fox Field dürfte nur mit einer gründlichen Restaurierung zu retten sein.

Im Rumpf der Argosy wurde schon lange nichts mehr transportiert.

Ein Brite in Kalifornien: die Argosy des Milestone of Flight Museums.

TUCSON, ARIZONA

Durch den heißen Sand bahnen wir uns den Weg an hohen Zäunen entlang, auf der Suche nach einem freundlichen Besitzer, der uns die »Schätze« seines Boneyards präsentiert. Plötzlich entdecken wir ein offenes Rolltor, kein Mensch in Sicht. Aufgrund der vielen Verbotsschilder wagen wir es aber nicht, einen Fuß auf das Gelände zu setzen. Da taucht eine Gestalt in ölverschmiertem Blaumann auf, lächelt freundlich und winkt uns zu sich. Wie sich herausstellt arbeitet Mike schon eine Ewigkeit auf diesem Schrottplatz, den er uns gern und stolz zeigt. Der kleine Platz beherbergt hauptsächlich Albatross-Amphibienflugzeuge, die für Privatpersonen – oft Piloten – restauriert und teilweise wieder flugfähig gemacht werden. »Die Triebwerke setzen wir nicht selbst instand, sondern bauen sie nur ein« erzählt uns Mike. Was nicht repariert oder wieder eingesetzt werden kann, bleibt Mutter Natur überlassen. Der Rundgang bei fast 50°C ist kein Spaziergang und auch ein sehr seltenes Vergnügen. Denn wie zuvor erwähnt, sind die Flugzeugfriedhöfe meistens vor unliebsamen Besuchern hermetisch abgeriegelt, und Verbotsschilder, Hunde oder teils bewaffnete Patrouillen unterstreichen den »Wunsch nach Privatsphäre«. Umso erfreulicher gestaltet sich der Besuch bei Mike.

Ebenso freundlich werden wir auch bei der nicht weit entfernten K-Tech Aviation empfangen. Enttäuschend nur, dass der früher einer der größten Militärboneyards weder über komplette Jets noch Wracks, sondern lediglich über ein Ersatzteillager verfügt, in dem ein Laie wahrscheinlich nicht auf die Idee käme, es könnte sich um Flugzeugteile handeln. K-Tech-Besitzer Larry Kotz erläutert verärgert die Entwicklung: »Das US-Verteidigungsministerium verschrottet seine Flieger selbst, und zwar aus Angst, Teile könnten in den Iran oder andere unfreundliche Länder gelangen.« Dass das negative Auswirkungen auf die Wirtschaft insgesamt und insbesondere auf die Unternehmen

der Verwertungsbranche hat, steht wohl außer Frage. »Völlig verrückt und total übertrieben« findet das Larry Kotz, »denn die Nahostländer produzieren ihre eigenen Flugzeuge, bauen sie von Grund her auf, die brauchen unsere Teile gar nicht. Nur dadurch können wir auch nichts mehr an andere Länder wie zum Beispiel Deutschland verkaufen, die noch entsprechende Muster fliegen.« Ein Trauerspiel.
Private Schrottplätze so wie K-Tech sind durch die Nähe zu AMARG im Laufe der Zeit entstanden. Rund um die Davis-Monthan Air Force Base verteilt kauften sie so ausgesondertes Material auf. Obwohl heute alle Militärflugzeuge geschreddert werden müssen, finden sich noch viele verschiedene Typen aus vergangenen Tagen hier, die der Schrottpresse bisher entkamen.
Selbst der Verkehrsflughafen von Tucson diente als Lagerstätte für Airliner. Aufgrund des erhöhten Flugaufkommens und des daraus resultierenden Platzbedarfs nahm die Zahl abgestellter Flugzeuge rapide ab, so dass heute kaum noch welche vorhanden sind.

Vom Zaun aus betrachtet herrscht bei den anderen Schrottplätzen an der Wilmot Road unübersichtliches Gewusel. Betreten strengstens verboten.

Aus der Luft lässt sich ein guter Überblick über das Gelände von Southwest Alloys an der Kolb Road gewinnen. Hier kann man vier Boeing 707 und zwei Fairchild C-119 ausmachen.

Southwest Alloys bietet eine der größten »Sammlungen« an Flugzeugen. Neben mehreren zivilen Boeing 707, einer Convair Metropolitan, einigen A-7 Corsair lässt sich unter anderem sogar eine Cockpitsektion eines Jumbo Jets entdecken.

GF

Zwei Lockheed P-2 Neptune sind an der Drexel Road zu sehen. Vielleicht kann man ja auf dem Weg gleich Ersatzteile für den US-Straßenkreuzer mitnehmen?

Auf dem ebenfalls leider für die Öffentlichkeit nicht zugänglichen Gelände von Allied Aircraft liegen über 40 der ansonsten selten anzutreffenden Sikorsky-Hubschrauber vom Typ H-37 Mojave. Die meisten davon sind bereits von der Natur überwuchert.

Besucher unerwünscht. Bei den meisten privaten Schrottplätzen in Tucson bleibt nur ein Blick durch den Zaun.

Auf die Restaurierung von Grumman Albatross-Amphibienflugzeugen konzentriert sich Specialized Aircraft.

Ein schauriges Vergnügen für Liebhaber von Navy-Flugzeugen bietet die United Aeronautical Corporation. Hinter den Überresten einiger Vought F-8 Crusader (links) und A-7 Corsair (oben) lugen die Radome der Frühwarnflugzeuge Grumman E-1 Tracer hervor. Im Boneyard nebenan stehen dagegen Transporter wie diese C-7 Caribou und C-47 Skytrain (unten).

In Reih und Glied lagern diese Grumman S-2 Tracker, die den größten Teil der Flotte von United Aeronautical bilden.

Einige davon werden von Marsh Aviation mit Turboprops ausgestattet und zu Wasserbombern umgerüstet.

Auch für diese T-43, einer militärischen Trainingsversion der Boeing 737, sind die »Schatten an der Wand«. Sie wird ihren Platz höchstens in Einzelteilen verlassen. Das gilt auch für die Grumman E-2 Hawkeye bei United Aeronautical (unten).

Nur noch die Rümpfe sind von diesen T-33-Jettrainern übrig geblieben.

Die Suche nach einem Happy-End wird wohl für diese Flugzeuge erfolglos enden müssen: A-7 Corsair (unten), P-2 Neptune (oben) und C-118 Liftmaster (rechts).

CAUTION
BEFORE REMOVING RADOME
DISCONNECT ELEC. WIRING

U.S AIR FORCE

Typenquiz für Fortgeschrittene: Links der Bug einer P-3 Orion und rechts die traurigen Überreste einer H-34.

Per Truck in die neue Heimat: Dieser Sikorsky Sea King hat einen neuen Besitzer gefunden (unten). Dieses Glück bleibt der C-118 um die Ecke versagt (links).

VICTORVILLE, KALIFORNIEN

Die Türen sind zerschossen, Granatenlöcher in den Wänden, Fensterrahmen klappern lose herum, die kleinen Häuschen am Rande des Airports sehen traurig aus. Was ist hier nur geschehen? Das Kriegsszenario täuscht nicht, denn die alten Wohnhäuser der ehemaligen George Air Force Base wurden vom Militär zum Training im Häuserkampf zweckentfremdet. Doch das ist schon lange her, denn die Air Force Base, die früher zur Ausbildung von Phantom-Besatzungen genutzt wurde, schloss im Rahmen von Kürzungsmaßnahmen 1992 ihre Tore.
Erst zwei Jahre später, in denen sich hier nicht viel ereignete, im Oktober 1994 wurde die Basis als ziviler Flugplatz unter dem Namen »Southern California Logistics Airport« wiedergeboren. Das jüngste Mitglied im Reigen der Lagerplätze für Airliner ist auf halber Strecke zwischen Los Angeles und Las Vegas, aber noch in Kalifornien, in der Nähe des Ortes Victorville zu finden. Rund um den Airport siedelten sich Firmen und Unternehmen an, darunter auch die Flugtestorganisation von Triebwerkshersteller GE Aviation mit einer eigenen Boeing 747, die vorher in Mojave beheimatet war.
Mit der Einlagerung von Airlinern begann der Aufschwung erst richtig, wie sich Flughafen-Direktor Peter Soderquist erinnert: »Mit diesem Geschäft haben wir begonnen und sind seitdem erheblich gewachsen. Die ersten Flugzeuge kamen Ende der 90er Jahre an. Für die Einlagerung stellen wir in Victorville rund einen Quadratkilometer an betonierter Abstellfläche zur Verfügung. Darauf legen die Kunden besonderen Wert, sie wollen nicht, dass die Flugzeuge im Schmutz stehen. Wir haben hier Platz für bis zu 500 Flugzeuge. Die bisher höchste Anzahl, die wir erreicht haben, liegt bei rund 300 Exemplaren nach dem 11. September 2001.«

Im Sommer 2008 waren knapp 140 Maschinen vor Ort, wobei die genaue Zahl schwankt. »Die Flugzeuge kommen und gehen jetzt sehr schnell« berichtet Soderquist, »wir hatten zum Beispiel 30 Boeing 747 von United hier, die innerhalb eines Jahres alle wieder einen neuen Nutzer gefunden haben.« Gegen den Begriff »Boneyard« wehrt sich der Flughafenchef von Victorville daher: »Wir nennen das bei uns Kurzzeit-Lagerung. Die meisten Flugzeuge sind innerhalb von wenigen Monaten wieder weg. 90% der aktuellen Flugzeuge werden hier wieder herausfliegen.«
Auf den Rest wartet allerdings die Verwertung. Dazu wurde eigens eine Fläche gebaut, auf der bis zu zwei Boeing 747 Platz haben. Zur Zeit finden in Victorville viele Lockheed L-1011 TriStar ihr Ende, wobei jedoch einige davon als Passagier- und Frachtmaschinen nach Südostasien und Afrika gingen. »Das war eine ziemliche Überraschung. Man kann also nie wissen…« schmunzelt Peter Soderquist.

Abgeschirmt vor neugierigen Blicken stehen die Airliner unter der Sonne Kaliforniens. Wüste pur.

Rumpfsegmente als Lagerschuppen. So etwas findet man wohl nur im Südwesten der USA.

ANHANG

Besuchertipps

Allgemeine Hinweise:
Da es sich bei den hier aufgeführten Boneyards um militärisches beziehungsweise Privatgelände handelt, sind die Zugangsmöglichkeiten entsprechend eingeschränkt.
Geht man auf Entdeckungsreise, sollten aufgrund des Klimas mit seinen hohen Temperaturen besonders in den Sommermonaten immer ausreichend Trinkflüssigkeit und Sonnenschutz dabei sein. Auch festes Schuhwerk ist hilfreich. Auf jeden Fall sollte man sich vor der örtlichen Wüstenfauna in Acht nehmen.

An der Zufahrtstraße zum Mojave-Airport begrüßen eine F-4 Phantom und eine Convair CV-990 den Besucher. Der ehemalige Airliner diente übrigens zur Erprobung des Space-Shuttle-Fahrwerks.

AMARG

Der beste Weg, die Typenvielfalt von AMARG zu erleben, stellt eine vom Pima Air and Space Museum durchgeführte Bustour dar. Mit einem Reisebus geht es rund anderthalb Stunden über das riesige Gelände. Knapp die Hälfte der Rundfahrt entfällt auf die »Celebrity Row«, wo je ein Vertreter aller eingelagerten Typen abgestellt ist. Trotzdem kann man auch die anderen Bereiche sehen. Das Fotografieren ist erlaubt, allerdings lassen sich die getönten Fenster im Bus nicht öffnen. Die Tour kostet rund sieben Dollar pro Person und findet Montags bis Freitags meist zwei Mal täglich statt. Eine Reservierung ist empfehlenswert und unter der Telefonnummer +1 520 574 0462 möglich. Abfahrt ist am Eingang des Museums. Aus Sicherheitsgründen ist ein Reisepass notwendig. Internetadresse: www.pimaair.org
Baumaßnahmen entlang des Zauns um die Davis-Monthan Air Force Base haben die Einsichtsmöglichkeiten von außen weiter eingeschränkt. Die Kolb Road trennt AMARG im Wesentlichen in zwei Teile und ermöglichte daher früher gute Einblicke in die langen Reihen der abgestellten Flugzeuge. Nun liegt allerdings der Zaun auf den Seiten der Kolb Road über weite Strecken auf einem Wall mit steilen Hängen, so dass ein Entlanglaufen nicht ratsam ist. Lediglich zu Beginn des AMARG-Geländes an der Kolb Road (von der Stadt kommend) gibt es noch Möglichkeiten (meist sind C-130 und A-10 zu sehen) sowie an der Escalante Road (hier ebenfalls C-130 sowie A-6).

Avra Valley

Die ausgedienten Flugzeuge befinden sich auf dem Gelände des Marana Regional Airport und sind daher von außen nicht zu sehen.

Kingman

Ähnlich wie bei den anderen Plätzen sind die Airliner hier weit von neugierigen Augen entfernt abgestellt. Dennoch lohnt sich ein Besuch aufgrund der erhalten gebliebenen Gebäude aus den 40erJahren und des Kingman Army Air Field Museums. Es enthält eine kleine Sammlung zur Geschichte des Flugplatzes und besitzt eine sehr nostalgische Anmutung (Adresse: 4540 Flighline Drive, Kingman Airport, www.armyairfieldkingmanmuseum.com).

Marana / Pinal Air Park

Als am unzugänglichsten aller Lagerplätze erweist sich das Evergreen Maintenance Center. Von außen ist aufgrund weiträumiger Absperrungen und Erdwällen nichts zu sehen. Besuche sind nicht möglich. Die einzige Methode, einen Einblick zu erhaschen, liegt in einem Überflug mit einem Privatflugzeug. Diese sind allerdings vom Unternehmen nicht gerne gesehen und sollten daher eher außerhalb der normalen Arbeitszeiten erfolgen.

Das Pima Air and Space Museum bietet eine riesige Palette an Exponaten.

Mojave

Als einziger ziviler Platz bietet der Mojave Air & Space Port sogar Führungen über das Gelände an. Sie finden täglich je nach Verfügbarkeit des Fahrers zwischen 8 und 11 Uhr sowie zwischen 14 und 16 Uhr bei einem Preis von fünf Dollar pro Person statt. Reservierungen sind nicht möglich. Zur Teilnahme meldet man sich im Bürogebäude der Flughafengesellschaft im alten Tower. Die Tour dauert rund eine halbe Stunde und erfolgt in einem Van. Aussteigen ist nicht möglich. Das Fotografieren der abgestellten Flugzeuge ist in der Regel nicht erlaubt. Internetadresse: www. mojaveairport.com.

Am Flughafeneingang sind eine Convair 990, die bei der NASA zur Erprobung des Fahrwerks für das Space Shuttle gedient hatte, sowie eine McDonnell Douglas F-4 Phantom ausgestellt. Die zu Drohnen umzurüstenden Phantoms sind nach dem Umzug in einen neuen Hangar allerdings nicht mehr von außen zu sehen. Rund 40 km südlich vom Mojave liegt der kleine Flugplatz Fox Field bei Lancaster. Dort ist das Milestones of Flight Museum beheimatet, das eine ganze Reihe interessanter Exponate bietet. Es handelt sich jedoch um eine kleine Privatsammlung, nicht vergleichbar mit professionellen Museen. Dafür gibt es jede Menge Patina. Die Öffnungszeiten sind unregelmäßig. Dennoch lohnt sich ein Besuch.

Tucson

Am internationalen Flughafen von Tucson gibt es derzeit keine eingelagerten Airliner mehr. Exoten wie eine Douglas C-133 Cargomaster und Sud Caravelle wurden leider schon vor einigen Jahren verschrottet. Früher konnte man mit dem Auto am Zaun entlang fahren, hinter dem die Verkehrsflugzeuge abgestellt waren.

Die privaten Schrottplätze am Rande der Davis-Monthan Air Force Base sind durch Zäune vor unbefugtem Betreten geschützt. Wie zahlreiche Schilder zeigen, sind Besucher und Fotografen meistens nicht erwünscht. Entlang der Kolb Road kann man wenigstens einen Blick in das Inventar von Southwest Alloys werfen. Jedoch gibt es dort keine Parkmöglichkeit. Und wer immer noch nicht genug hat: Nicht weit vom Pima Air and Space Museum, entlang der Wilmot und Drexel Road, sind weitere Betriebe angesiedelt. Auch hier lassen sich einige Flugzeuge durch den Zaun betrachten.

Victorville

Entlang der Hauptstraße auf dem öffentlichen Teil des Flughafengeländes sind mehrere Hangars verschiedener Unternehmen aufgereiht. Durch die Lücken zwischen den Gebäuden sieht man die gerade angekommenen oder für einen neuen Kunden fertig gemachten Flugzeuge – auch hier natürlich nur durch den Zaun. Die eingelagerten beziehungsweise zu verschrottenden Maschinen sind jedoch weit entfernt und fast außer Sichtweite geparkt. Selbst wenn man dem Zaun folgt (ein geländegängiges Fahrzeug vorausgesetzt) kommt man den Jets nicht sehr nahe.

AMARG-INVENTAR-ÜBERSICHT
(JULI 2008)

Um einen genauen Überblick über die riesige Masse an Flugzeugen und Hubschraubern zu ermöglichen, bekommt jeder »Insasse« eine Nummer verpasst, den so genannten PCN-Code (Production Control Number). Das System wird seit 1965 verfolgt.
Am Anfang bezeichnen zwei Buchstaben den Eigentümer: AA für die Air Force, AN für die Navy/Marine Corps, AH für die Army, AC für die Coast Guard, AX für andere Institutionen wie das Smithsonian, das Außenministerium oder die Forstbehörde sowie AY für die Maschinen aus verbündeten Staaten. Es folgen zwei Stellen für den jeweiligen Typ. Bei der Navy handelt es sich um eine Kombination aus Zahl und Buchstabe, während die Air Force mit dem Designator für die Rolle des Musters beginnt (zum Beispiel »F« für Fighter) und dann dem jeweiligen Typ einen eigenen Buchstaben zuweist (zum Beispiel »C« für die B-52). Anschließend folgt bei beiden Systemen eine Zahl in der Reihenfolge des Eingangs. In den 90er Jahren wurde sie von drei auf vier Ziffern erweitert.

Nummernkunde: Der Code 8F264 verrät dem Betrachter, dass es sich um eine F-4 Phantom der Marine handelt, und zwar um die 264. dieses Typs, die ins AMARG-Inventar aufgenommen wurde. Der Form halber müsste er vollständig AN8F0264 lauten. Auf dem Lufteinlauf sind außerdem Hinweise auf die Zeitpunkte der Inspektionen zu erkennen, die durchgeführt wurden, als sich diese F-4S noch in der Typ-1000-Lagerung befand.

Bei diesen seit vielen Jahren eingelagerten Lockheed T-33 hat sich der Code geändert, daher wurde die volle Bezeichnung auflackiert. Teilweise lässt sich die alte, mit TCD beginnende Kodierung noch erkennen. Das aufgesprühte »DRMO« verrät, dass die Maschinen zur Verwertung freigegeben sind.

Typ	Streitkraft	Code	Anzahl
A-3 Skywarrior	USN	AN2A	15
A-4 Skyhawk	USN	AN3A	180
A-6 Intruder	USN	AN5A	196
A-7 Corsair II	USAF	AAAE	1
	USN	AN6A	106
A-10 Thunderbolt II	USAF	AAAC	181
AH-1 Cobra	US Army	AHXA	17
	USN	AN7H	19
AV-8 Harrier	USN	AN7A	5
B-1B Lancer	USAF	AABT	25
B-52 Stratofortress	USAF	AABC	97
B-57 Canberra	USAF	AABM	12
C-1 Trader	USN	AN7C	18
C-2 Greyhound	USN	AN1C	5
C-4 Academe	USN	AN4G	7
C-5 Galaxy	USAF	AACM	13
C-9 Nightingale	USAF	AACN	16
	USN	AN4C	6
C-12 King Air	USAF	AACE	2
	USN	AN5G	20
C-14	USAF	AACW	1
C-15	USAF	AACX	1
C-18	USAF	AACK	2
	USN	AN3C	1
C-21 Learjet	USAF	AACJ	20
C-22 (Boeing 727)	USAF	AACU	3
C-24 (Douglas DC-8)	USN	AN2C	1
C-27 Spartan	andere	AXCC	5
C-123 Provider	USAF	AACP	20
C-130 Hercules	USAF	AACF	122
	USN	AN2G	35
	USCG	AC45	2
C-131 Samaritan	USAF	AACS	2
	USN	AN1G	10
C-135 Stratotanker	USAF	AACA	179
	USN	AN6G	2

C-137 (Boeing 707)	USAF	AACZ	51
C-140 Jetstar	USAF	AACL	1
C-141 Starlifter	USAF	AACR	74
E-2 Hawkeye	USN	AN2E	33
F-4 Phantom II	USAF	AAFP	414
	USN	AN8F	165
F-8 Crusader	USN	AN2F	4
F-14 Tomcat	USN	AN1K	53
F-15 Eagle	USAF	AAFH	170
F-16 Fighting Falcon	USAF	AAFG	391
F/A-18 Hornet	USN	AN1A	69
F-100 Super Sabre	USAF	AAFE	1
F-101 Voodoo	USAF	AAFF	1
F-106 Delta Dart	USAF	AAFN	2
F-111 Aardvark	USAF	AAFV	247
FB-111A	USAF	AABF	13
H-1 Iroquois	andere	AXHF	13
	USN	AN7H	6
H-2 Seasprite	USN	AN8H	48
H-3 Jolly Green Giant	USAF	AAHH	12
H-3 Sea King	USN	AN9H	71
H-34 Choctaw	USAF	AAHD	1
H-46 Sea Knight	USN	AN1J	46
H-53 Super Jolly Green Giant/Stallion	USAF	AAHC	41
	USN	AN2J	51
H-57 Sea Ranger	US Army	AHXG	1
	USN	AN4H	8
HU-25 Guardian	USCG	AC41	12
MiG-15	USAF	AAMA	1
MiG-17	USAF	AAMB	2
MiG-21	USAF	AAMC	1
O-2 Skymaster	USAF	AAHV	19
	USN	AN2L	7
OV-1 Mohawk	US Army	AHYA	5
P-2 Neptune	USN	AN1P	3
P-3 Orion	USN	AN2P	143
S-2 Tracker	andere	AXLA	1
S-3 Viking	USN	AN2S	109

T-1 Seastar	USN	AN1T	1
T-2 Buckeye	USN	AN2T	133
T-33 Shooting Star	USAF	AATC	58
	USN	AN3T	2
T-34 Mentor	USN	AN4T	27
T-37 Tweet	USAF	AATE	402
T-38 Talon	USAF	AATF	159
T-39 Sabreliner	USAF	AATG	30
	USN	AN7T	23
T-42 Baron	USAF	AATJ	3
T-43 (Boeing 737)	USAF	AATH	3
T-46 Eaglet	USAF	AATM	1
Gesamt	**USAF**		**2.813**
	US Army		**23**
	USN		**1.622**
	USCG		**14**
Total			**4.472**

…nd 70 verschiedene Typen sind derzeit auf dem AMARG-Gelände zu finden.

Ru